Les
Habitants
des eaux

—

1878

—

Les
Habitants
des eaux

—

1878

—

LES HABITANTS DES EAUX

PAR L'AUTEUR

De *Visite à une Ménagerie*, *Autour de mon village*, *Les Insectes*, etc.

TOULOUSE

SOCIÉTÉ DES LIVRES RELIGIEUX

DÉPÔT : RUE ROMIGUIÈRES, 7

1878

PUBLIÉ PAR LA SOCIÉTÉ DES LIVRES RELIGIEUX
DE TOULOUSE.

Toulouse, Imp. A. CHAUVIN ET FILS, rue des Salenques, 28.

LES HABITANTS DES EAUX.

Enfants, si je vous demandais : « Quels sont les habitants des eaux ? » je gage que tous ou presque tous vous répondriez sans hésiter : « Les poissons ! »

Assurément votre réponse serait juste, mais elle serait fort incomplète. Les poissons ne sont pas seuls à habiter les eaux. Il y a une infinité d'autres créatures vivantes qui peuplent soit les lacs ou les rivières, soit les profondeurs de l'Océan. Oh ! qui pourrait dire leur nombre? Qui pourrait dire surtout leur étonnante, leur merveilleuse variété ? Il y en a de toutes formes et de toutes grosseurs ; depuis les monstres marins les plus redoutables, jusqu'à de tout petits êtres imperceptibles à l'œil nu, qui s'ébattent par centaines dans une seule goutte d'eau.

« Que les eaux produisent *en toute abondance* des » animaux qui se meuvent et qui aient vie ! » Ainsi parla le Seigneur au cinquième jour de la création, et cette parole souveraine s'est réalisée à la lettre. Voulez-vous, mes chers enfants, m'accompagner aujourd'hui dans un voyage sur les eaux profondes? Nous naviguerons sur la grande mer ; nous naviguerons sur les fleuves, et ainsi nous pourrons faire connaissance avec quelques-unes des innombrables créatures qui s'y meuvent. J'espère aussi que nous apprendrons à mieux connaître Celui qui est si grand dans tous ses ouvrages, et dont la puissance n'est surpassée que par la bonté.

LA BALEINE.

Vite ! vite ! Le navire s'ébranle ; les voiles sont déployées ; on va lâcher les cordes. Où sommes-nous ? Sur la jetée de Saint-Malo. Où allons-nous ? A bord d'un *baleinier*, c'est-à-dire d'un bâtiment à voiles qui part pour la pêche de la baleine. J'espère que vous ne craignez ni la mer ni le froid, car nous avons devant nous une longue navigation, et nous nous dirigeons vers les régions polaires.

La baleine, que l'on va chercher si loin, est le plus grand des animaux qui existent. Elle mesure souvent de 35 à 40 mètres de long, et pèse jusqu'à 150,000 kilogrammes! On pourrait dire de cette gigantesque créature qu'elle n'est ni chair ni poisson. En effet, elle tient à la fois des animaux aquatiques et des animaux terrestres. Son sang est chaud, comme celui de l'homme et des quadrupèdes ; elle respire comme eux ; ses petits viennent au monde vivants, et leur mère les allaite, tout comme nos vaches et nos brebis. Mais, d'un autre côté, la baleine ne peut vivre sur terre, et lorsque la tempête la fait échouer sur le rivage, elle se débat, s'épuise en douloureux efforts pour regagner la grande mer et ne tarde pas à expirer. De plus, sa forme est celle d'un poisson. Munie d'une queue énorme et de nageoires d'une force proportionnée à sa masse, elle fend les vagues comme un trait, laissant après elle une écume bouillonnante. On a calculé qu'elle peut faire jusqu'à 10 lieues à l'heure et que par conséquent elle ferait le tour du monde en trente-sept jours et demi. Quoi qu'il en soit, cette habile nageuse n'est pas, je le répète, un poisson proprement dit; pour l'en distinguer, on l'appelle un *cétacé*.

Si notre voyage est heureux, nous verrons bientôt une baleine de près; mais en attendant je vais vous la décrire plus en détail. Sa tête est d'une grosseur démesurée; elle forme le tiers de la longueur du corps. Ses yeux très-petits n'ont pas de paupières et sont placés à fleur de tête. Sa bouche est largement fendue : un homme pourrait y passer. Ses énormes mâchoires sont dépourvues de dents qui sont remplacées par des espèces de baguettes plates appelées *fanons*. Ces fanons, larges de 20 à 25 centimètres, longs de 3 mètres et plus, sont au nombre de sept à huit cents. Séparés les uns des autres par un espace de 5 centimètres environ, ils forment comme une sorte de peigne gigantesque. Quel est l'usage de ce curieux appareil? Pour bien vous le faire comprendre, je dois vous dire que si la bouche de la baleine est énorme, son gosier est relativement étroit, en sorte que les gros poissons qui pourraient se précipiter dans sa large bouche chaque fois qu'elle l'ouvre, risqueraient ensuite de l'étrangler. Pour remédier à cela, qu'a fait la sage Providence ? Elle a donné à la baleine sa rangée de fanons, véritable grille qui arrête au passage les corps trop volumineux, tandis que les milliers de petits animaux dont se compose exclusivement sa nourriture passent entre les barreaux. N'est-ce pas bien simple et bien admirable à la fois ?

Le peau de la baleine n'est pas couverte d'écailles, comme celle des poissons ; elle est dure, épaisse et ressemble à du cuir. La force de cet animal est prodigieuse. Un coup de sa formidable queue suffit quelquefois, surtout quand le monstre est irrité ou effrayé, pour faire chavirer un bateau. Mais à tout prendre, la baleine, assure-t-on, est bonne personne ; son naturel est timide et doux, sa sensibilité très-vive. De plus, elle est tendre nourrice et mère dévouée. Le baleineau, qui, en venant au monde, a la taille d'un taureau de belle venue, tette pendant un ou deux ans. Sa mère le soutient d'abord sur ses vastes nageoires à la surface de l'eau ; puis elle lui apprend à nager, le surveille, l'encourage, et, à l'heure du péril, se laisse tuer à côté de lui plutôt que de l'abandonner. Vous le voyez, l'instinct maternel se retrouve partout : au fond des abîmes comme dans le repaire du lion ou le nid du petit oiseau. Ainsi l'a voulu notre Père céleste dans sa touchante sollicitude pour les moindres de ses créatures.

La baleine se rencontre-t-elle quelquefois dans les mers qui baignent la France ? Oui, mais très-rarement ; et lorsqu'elle y paraît, c'est qu'elle a perdu son chemin ou que la tempête l'y a poussée. Quand une de ces énormes étrangères est capturée sur nos côtes ou bien sur les côtes de l'Angleterre, de l'Ecosse ou de la Hollande, c'est tout un événement : les journaux l'annoncent, chacun en parle. Toutefois, il y eut un temps où les baleines fréquentaient nos parages, notamment le golfe de Gascogne ; mais les pêcheurs leur firent une guerre si acharnée qu'elles disparurent peu à peu et remontèrent vers le nord. Aujourd'hui elles n'habitent plus que les mers polaires ; et c'est là, au milieu des neiges et des glaces, que vont les poursuivre chaque année des navires appartenant à presque toutes les nations civilisées.

Et dans quel but se livre-t-on à la pêche de la baleine? Une créature aussi monstrueuse serait-elle bonne à manger? Oh ! non ; mais diverses parties de son corps sont très-utiles à l'homme. Le principal produit que l'on extrait de la baleine est une huile employée pour diverses industries. Cette huile provient d'une épaisse couche de lard dont le corps de l'animal est enveloppé. Une seule baleine peut fournir de 8 à 10,000 kilogrammes d'huile. Les fanons sont aussi recueillis avec soin et fort recherchés dans le commerce sous le nom de *baleine*. On s'en sert, vous le savez, pour confectionner les parapluies, les corsets de dames et une foule d'autres objets. Souvent un seul animal en fournit plus de 400 kilogrammes. On retire aussi de la tête d'une certaine espèce de baleine une substance grasse, dure, limpide, ressemblant à de la belle cire blanche et dont on fait des bougies estimées.

Lorsque les pêcheurs réussissent à capturer plusieurs baleines, ils gagnent beaucoup d'argent. Mais aussi que de dangers ils courent ! Que de difficultés, de périlleuses aventures les attendent ! C'est un véritable combat que cette pêche; combat contre les baleines et contre les éléments. Examinons notre navire baleinier. Il est équipé avec soin, de manière à pouvoir affronter les mers du pôle. De plus, il est muni de plusieurs chaloupes et d'une quantité d'instruments nécessaires à la pêche : harpons, lances, pelles tranchantes. L'équipage se compose d'une quarantaine d'hommes forts et résolus, parmi lesquels des ouvriers charpentiers, forgerons et tonneliers. Pauvres gens ! Quels rudes labeurs ils ont devant eux ! Que Dieu les protége au milieu de tant de dangers !

Mais nous voici dans les régions polaires. Quelle nature âpre et sévère ! Des rochers de glace semblent défendre au navigateur de poser le pied sur ces rives désolées. D'énormes blocs de glace, véritables îles flottantes, sillonnent la mer en tous sens et risquent à chaque instant de briser notre navire. Aussi quelle animation règne à bord ! Que d'incessantes manœuvres ! Que de vigilance de la part du capitaine ! Que d'activité de la part des matelots ! Mais qu'est-ce donc ? N'avez-vous pas entendu ?... « Baleine ! baleine ! » répète un matelot perché au haut d'un mât. Un grand tumulte suit ce signal. Regardez là-bas. Voyez-vous cette longue traînée blanche et ce bouillonnement des vagues? C'est la baleine qui approche. Quel spectacle émouvant ! Les chaloupes sont déjà à la mer ; les rameurs, les harponneurs volent à leur poste. La baleine a vu les bateaux et elle fuit. Attention ! Voilà un harponneur qui lance son arme. Le monstre est blessé ! Il donne un violent coup de queue. Dieu merci, les chaloupes n'ont pas été atteintes ! sans quoi elles eussent été renversées et les matelots lancés au loin. Mais l'animal a beau plonger, se débattre, s'enfuir, il emporte à ses flancs l'arme meurtrière. Une longue corde, dont les matelots tiennent le bout, est attachée au harpon ; aussi voyez comme la chaloupe poursuit la baleine. Souvent la chasse dure plusieurs heures. De temps à autre, la pauvre bête lance des jets d'eau sanglante. Lorsqu'on verra qu'elle s'affaiblit, on se décidera à l'approcher, et on lui lancera de nouveaux traits qui probablement l'achèveront.

Bon ! voilà les chaloupes qui reviennent. Et la baleine, qu'est-elle devenue ? Elle est morte. On a introduit dans sa bouche un crochet attaché à une forte chaîne et on la remorque en triomphe jusqu'au navire. Les matelots sont contents de leur prise ; entendez leurs chants joyeux. Tout à l'heure on va hisser le gigantesque animal sur le navire, ce qui n'est pas chose facile ; puis on le dépècera ; on enlèvera les couches de lard et toutes les parties qui peuvent être utilisées, après quoi on laissera aller à l'eau la carcasse dépouillée.

Et que fera-t-on du lard de la baleine ? Dans quelques jours on le fondra, et on obtiendra ainsi une grande quantité d'huile qu'on mettra dans des tonneaux. Rien n'est plus curieux que le spectacle offert dans une nuit noire par l'opération de la fonte. On allume de grands feux sur le pont et on suspend au-dessus d'énormes chaudières pleines de morceaux de lard. La mer reflète au loin la lueur des flammes. Les matelots vont et viennent comme des ombres chinoises, attisant le feu, remuant des barils, chantant à demi-voix des chansons de leur pays. Ce grand brasier flottant ainsi sur l'Océan, au milieu des ténèbres et du silence de la nature, produit l'effet le plus saisissant.

Le *cachalot* est un cétacé tout aussi monstrueux

que la baleine proprement dite : il en diffère par la mâchoire, qui est garnie, non de fanons, mais de fortes dents. Le cachalot est d'une férocité et d'une avidité dignes d'une bête fauve. Il se nourrit de gros poissons et d'amphibies. Sa capture offre encore plus de dangers que celle de la baleine franche. Peut-être avant la fin de la campagne nos braves matelots auront-ils à se mesurer avec l'un de ces monstres. Que Dieu les protége alors comme il les a protégés aujourd'hui ! N'oublions pas dans nos prières, mes chers enfants, « ceux qui descendent » sur la mer et qui font commerce sur les grandes » eaux. » Souvent, hélas ! « ils touchent aux portes » de la mort ; leur âme se fond d'angoisse et toute » leur sagesse leur manque. » Oh ! demandons à Dieu, qui d'un seul mot peut arrêter la tempête et apaiser les ondes, « de les délivrer de leur détresse » et de les conduire au port désiré ! »

LE PHOQUE.

Regardez là-bas vers la côte. Voyez-vous ces étranges créatures, à peu près de la taille d'un gros chien, qui se traînent plutôt qu'elles ne marchent, le long des rochers? En voici d'autres qui fendent les flots à toute vitesse pour aller rejoindre leurs camarades. Certes, voilà des habitants des eaux qui ne ressemblent guère à des poissons. — Singuliers animaux, comment vous nommez-vous, je vous prie? — Je vais répondre pour eux : ce sont des *phoques* ou *veaux marins*.

Voilà qu'un homme de l'équipage vient justement d'attraper un jeune phoque. Courons l'examiner. — Oh! qu'il est laid! — Très-laid, en effet. Mais n'ayez pas peur; quoique la pauvre bête soit effrayée, elle ne vous fera aucun mal. Le phoque a un naturel doux et aimable ; il est intelligent et s'apprivoise très-bien. Sa tête ressemble à celle du chien. Sa bouche, ombragée par une petite moustache, est munie de fortes dents, et sa peau est garnie d'un poil court et serré. Et cependant, rien qu'à voir son étrange conformation, vous devineriez, n'est-il pas vrai ? que cet animal est fait pour nager et non pour marcher, pour vivre dans l'eau et non sur terre ferme. En effet, son corps, qui se termine par une large queue palmée, comme le pied d'un canard, a la forme allongée du poisson, et ses toutes petites pattes, que terminent des doigts armés d'ongles crochus, ressemblent singulièrement à des nageoires. Aussi voyez comme notre pauvre captif se traîne péniblement sur le pont. Quels drôles de soubresauts il fait ! Vous riez de sa tournure, et vraiment il y a de quoi. Quelle gêne, quelle gaucherie dans ses mouvements ! Mais si nous le replongions dans la mer, ce serait autre chose : il nagerait avec une agilité extrême, ses petits moignons de bras battant l'eau comme des rames. Le phoque est un animal *amphibie*, c'est-à-dire qui peut vivre sur la terre et dans l'eau. La baleine, elle, n'est pas amphibie, car dès qu'elle est sur le sable, vous savez qu'elle se débat et meurt. Le phoque est carnassier : il se nourrit surtout de poissons et d'écrevisses de mer. Ses mœurs sont intéressantes ; il vit par troupes au voisinage des côtes, se jouant dans les flots ou bien se chauffant au soleil sur les bancs de sable. La mère phoque donne ordinairement le jour à deux petits qu'elle allaite pendant quelques semaines. Pour cela, elle se retire dans une caverne ou un recoin de rocher, et elle demeure dans cette retraite jusqu'à ce que les petits soient assez forts pour être conduits à l'eau. Alors la mère, avec la plus grande sollicitude, leur apprend à nager et à saisir leur proie; puis, quand la leçon les a fatigués, elle les met sur son dos et retourne au logis.

La voix du phoque ressemble un peu à la voix humaine : quand il crie, on dirait un enfant qui se plaint. Il a l'ouïe très-fine, et, chose singulière, est très-sensible à la musique. Un célèbre voyageur raconte que lorsque lui ou ses amis jouaient du violon à bord, le navire était environné d'un nombreux auditoire de phoques qui le suivaient pendant des lieues entières.

Je vous ai dit que ces animaux s'apprivoisent aisément. Ils sont même susceptibles d'une sorte d'éducation. Un monsieur qui habitait le nord de l'Ecosse trouva un jour sur les rochers au bord de la mer un jeune phoque qu'il emporta chez lui. Le petit animal ne tarda pas à devenir tout à fait privé. Aussi intelligent qu'un chien, il avait pour son maître un attachement extrême ; il mangeait dans sa main et obéissait à ses ordres. Quand le monsieur allait à la pêche, il prenait son phoque avec lui ; alors le petit amphibie entrait dans l'eau et nageait avec délices ; mais dès que son maître faisait mine de vouloir partir, vite le phoque revenait à terre et le suivait docilement.

Le phoque commun ou veau marin est très-abondant dans les régions polaires ; il se trouve aussi sur le littoral de la Norwége, de l'Ecosse et de l'Irlande, mais rarement sur les côtes de France. Son poil est d'un gris jaunâtre, et sa taille ne dépasse guère un mètre et demi. L'homme fait, hélas ! une guerre très-active aux pauvres phoques. Dans l'Amérique du Nord, en particulier, on en tue chaque année un nombre prodigieux. Ces animaux fournissent une quantité considérable de graisse ; leur fourrure est estimée, et de leur peau, imperméable à l'eau, on fait un cuir excellent, connu sous le nom de veau marin.

La chasse aux phoques est très-ancienne. Les navires qui s'en occupent se dirigent, dès les premiers jours de mars, vers le Groënland. Dès qu'un troupeau de phoques est signalé, on met les chaloupes à la mer, et au milieu des glaces flottantes, on va jusqu'aux parages où ils se tiennent. En général, on les surprend la nuit à la lueur des torches. Effrayés par la lumière et par les cris des chasseurs, les phoques sortent des trous de rochers où ils reposaient et s'efforcent de fuir. Les chasseurs les tuent alors à coups de massue, puis on les porte au navire. Là ils sont dépecés : la graisse est mise dans des barriques et les peaux sont entassées à fond de cale.

Pauvres phoques ! on les plaint, n'est-il pas vrai ? de même que tant d'autres bêtes innocentes qui tombent pour le service de l'homme. Mais, d'un autre côté, comment ne pas admirer l'inépuisable variété de ressources que nous offre la nature ? Comment ne pas admirer surtout la paternelle sollicitude du Créateur qui, en donnant le phoque aux habitants déshérités des régions polaires, a pourvu ainsi à tous leurs besoins ? Que deviendraient, en effet, sans le phoque, l'Esquimau, le Groënlandais, toutes les peuplades voisines du pôle nord ? Ils n'ont ni bœufs, ni moutons, ni blé, ni laitage. Leur sol gelé pendant huit ou neuf mois de l'année ne produit guère que de la mousse et un peu d'herbe. Des navets, des choux, quelques laitues, voilà tout ce qu'ils peuvent récolter dans les terrains les mieux exposés. Mais le phoque leur tient lieu de tout. Ecoutez plutôt. La chair, qui nous paraîtrait détestable, leur fournit une nourriture substantielle et que l'habitude leur fait trouver excellente. La graisse fondue leur sert à alimenter les lampes, qui brûlent nuit et jour dans leurs huttes de neige durcie. Quand ils prennent du poisson, ils l'accommodent avec cette graisse, et quand des marchands visitent leurs froides régions, ils l'échangent contre les articles dont ils ont besoin. La peau du phoque leur rend aussi de grands services : ils en recouvrent leurs habitations et en construisent leurs canots. Quant à la fourrure, hommes et femmes s'en confectionnent des vêtements très-chauds. Mais ce n'est pas tout. Des muscles du phoque, le Groënlandais apprête un fil très-fort qui lui sert à coudre ses habits. D'une mince peau qu'il retire de l'intérieur de l'animal, il fait des vitres et des tentures pour sa demeure. Le sang même est utilisé; mêlé à d'autres ingrédients, il se mange en guise de potage. On peut dire que du succès de la chasse au phoque dépend l'existence des pauvres peuplades de l'extrême Nord ; aussi un homme est-il estimé parmi elles en proportion du nombre de phoques qu'il abat chaque année. Les familles où de père en fils on est habile à cette chasse sont considérées comme la noblesse du pays. Pour devenir un membre utile de la société, il faut que le jeune Groënlandais s'habitue de bonne heure à ce rude métier. Il faut que, monté sur son fragile canot, qui consiste le plus souvent en une peau de veau marin étendue sur des fanons de baleine, il affronte les périls de la mer et poursuive le phoque jusque dans ses dernières retraites. Pendant de longs siècles, telle fut, hélas! l'unique préoccupation des habitants du Groënland. Ils ne pensaient qu'à leurs phoques. De Dieu ou de leur âme, ils n'avaient nul souci. Mais aujourd'hui, que tout est changé! Le soleil de la grâce a pénétré dans ces tristes régions qu'éclaire si rarement le soleil de la nature. La lumière de l'Evangile a brillé dans ces pauvres cœurs ténébreux. De bons missionnaires sont allés parler de Jésus et de son amour à ces misérables peuplades. Là, comme ailleurs, la bonne semence a produit les plus beaux fruits. Et maintenant, dans les villages groënlandais, on pense à autre chose qu'à « la nourriture qui périt. » Il y a des écoles, il y a des maisons de prières. Et le dimanche matin, le père de famille est heureux de quitter son canot, ses rames, son harpon, pour aller avec tous les siens prier le Seigneur et entendre parler des merveilles de son amour. « Travaillez pour avoir, non la nourriture qui » périt, mais celle qui demeure jusque dans la » vie éternelle, » a dit Jésus à tous les hommes. Les Groënlandais obéissent à ce précepte ; et vous, mes chers enfants, le faites-vous ? Aimez-vous la prière, la Parole de Dieu, votre école du dimanche? Ou bien ne prenez-vous plaisir qu'aux choses de la terre ; à vos joujoux, à vos repas, à vos amusements ? Sérieuse question que je dépose sur vos jeunes consciences et à laquelle je vous supplie de répondre sincèrement devant Dieu.

Il y a plusieurs variétés de phoques. Le plus remarquable est celui que l'on a surnommé *éléphant marin*, non-seulement à cause de sa taille, qui dépasse souvent 10 mètres, mais encore parce que son museau s'allonge en forme de trompe. Il y a aussi une espèce de phoque de grande taille qui habite la Méditerranée et qu'on voit même quelquefois dans les lacs de Russie et dans la mer Caspienne.

Les *morses* sont des animaux plus grands que le phoque, mais qui ont beaucoup de ressemblance avec lui. Ce qui les distingue surtout, c'est qu'ils ont une paire de dents très-grosses et très-longues qui retombent sur leur lèvre inférieure. Ces dents ne les embellissent pas, tant s'en faut; mais elles leur sont fort commodes. Elles leur servent d'abord à se défendre; puis à arracher les herbes marines dont ils font leur nouriture et même à s'accrocher aux rochers pendant leur sommeil. Du reste, le morse, comme le phoque, paraît

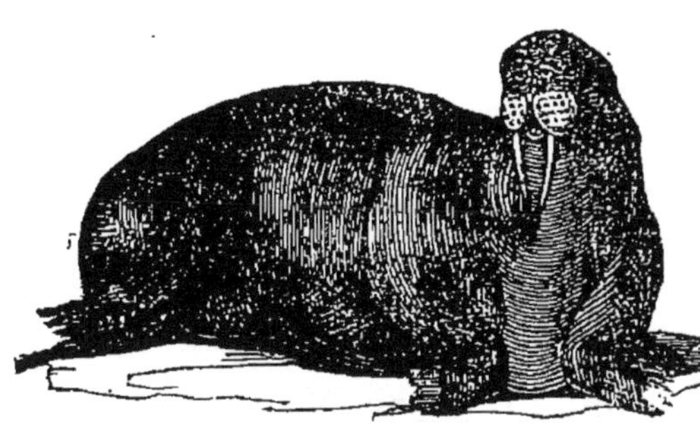

avoir un bon naturel ; comme lui aussi, il marche mal et nage bien. Sa taille est ordinairement de 3 à 4 mètres. Il fournit une quantité considérable de graisse; l'ivoire de ses longues dents est apprécié dans le commerce, et sa peau est utilisée pour la carrosserie. Il est probable qu'avant de quitter ces parages nous verrons un troupeau de morses, car ils habitent les mers glaciales.

LA TORTUE.

Où sommes-nous? A 7 ou 8 cents lieues de terre, en plein Océan. Les glaces éternelles du pôle ont disparu à l'horizon. Notre navire a mouillé pendant quelques jours devant l'île de Terre-Neuve, célèbre par la pêche de la morue, et située à l'extrême nord du nouveau monde. Nous cinglons maintenant vers un port de l'Amérique du Sud. Un ou deux mois encore, et, s'il plaît à Dieu, nous verrons les côtes de France. Notre baleinier a fait une belle campagne ; on a pris plusieurs baleines et un grand nombre de veaux marins. Les tonneaux sont pleins d'huile. L'équipage est content. Tout le monde à bord se porte bien, même le petit phoque qui est devenu tout à fait privé. A mesure que nous avançons vers le sud, la température s'élève, les vents s'attiédissent. On peut maintenant se promener le soir sur le pont. Quel beau clair de lune ! Que la mer est calme et transparente ! — Venez vite par ici. Ne voyez-vous pas à quelques mètres du navire des masses énormes et arrondies flottant immobiles à la surface de l'eau ? Demandons au capitaine ce que c'est. « Tiens ! nous avons de la chance, » répond-il gaiement ; « ce sont des tortues. » Et aussitôt il fait mettre une chaloupe à la mer. Quelques hommes munis de harpons y prennent place : pauvres tortues, prenez garde à vous ! La chair de tortue, à la fois saine et délicate, est une précieuse ressource pour les navigateurs dans les longs voyages sur mer. Aussi remarquez l'entrain qui règne à bord. L'équipage, fatigué de se nourrir de salaisons, se promet un bon régal. Cela ne vous rappelle-t-il pas la joie des Israélites, fatigués de manne dans le désert, et auxquels Dieu envoya une multitude de cailles ? C'est le même Dieu, toujours plein de bonté et de compassion, qui pourvoit aux besoins du pauvre matelot, errant sur la grande mer.

La pêche de la tortue n'est ni difficile ni dangereuse. Le harponneur lance son arme de toutes ses forces ; l'animal blessé plonge et disparaît, mais une sorte de ligne attachée au harpon permet au matelot de le retenir et de le tirer bientôt à bord. On suppose que lorsque les tortues se laissent ainsi bercer sur les vagues, elles dorment profondément, car elles se laissent approcher sans faire un mouvement et ne semblent revenir à elles que lorsqu'il est trop tard pour échapper. En voici une qu'on vient de déposer sur le pont. Quelle belle prise ! Elle a plus d'un mètre de longueur. Bien étrange animal que la tortue, n'est-il pas vrai ? Ce qui frappe en elle tout d'abord, c'est l'espèce de cuirasse dure et bombée qui protége son corps : au besoin elle peut même se replier et disparaître presque complétement sous cette cuirasse. Voyez sa tête : elle est petite et aplatie. La bouche, dépourvue de dents, est garnie d'une sorte de bec assez semblable à celui des oiseaux. Ai-je besoin de le dire : la tortue n'appartient ni à la classe des quadrupèdes, ni à celle des oiseaux, ni à celle des insectes. C'est un *reptile*, c'est-à-dire un être destiné à ramper. La classe des reptiles est très-nombreuse et renferme une infinité d'espèces. Vous en connaissez plusieurs. Les jolis lézards gris ou verts qui aiment tant à se chauffer au soleil sont des reptiles. Reptiles également, ces serpents de toute taille qui inspirent en général tant de dégoût et de frayeur. Comme les oiseaux, les reptiles viennent au monde dans des œufs. Leur peau est écailleuse ; jamais elle n'est couverte de poils ou de plumes. La tête est toujours plate et déprimée ; aussi les facultés de ces animaux sont-elles peu développées.

Il y a des tortues de terre et des tortues aquatiques. Ces dernières se distinguent de leurs sœurs terrestres par une carapace moins bombée et par des membres qui se terminent en nageoires. A l'aide de ces nageoires, elles sillonnent les flots, plongent, remontent à la surface et rappellent, par leurs mouvements pleins de grâce, le vol d'un grand oiseau qui plane dans les airs. Mais leurs membres, si bien appropriés à l'eau, ne leur sont pas d'un grand secours sur le rivage, où du reste elles ne vont que rarement. Rien n'est plus gauche alors, plus embarrassé que leurs allures, et c'est avec de pénibles efforts qu'elles rampent sur le sable.

Toutes les mers des contrées chaudes sont plus ou moins peuplées de tortues. Quelques variétés habitent la Méditerranée ; mais c'est surtout dans l'océan Indien, ainsi que dans les mers d'Afrique et de l'Amérique du Sud qu'on en prend des quantités considérables. Toutes les espèces atteignent une grande taille. On en a trouvé qui mesuraient 2 mètres de long et qui pesaient 800 kilos. Les voyageurs assurent que dans les régions qu'elles fréquentent, les indigènes se servent des carapaces comme de nacelles ; ils en couvrent aussi leurs huttes et en font des baignoires pour leurs enfants. En général, les tortues se nourrissent d'herbes marines ; cependant, quelques-unes mangent des petits poissons et des coquillages. Diverses espèces sont utiles à l'homme. Telle est d'abord la tortue *verte* ou *franche*, dont vous avez un bel échantillon sous les yeux. Ainsi que je vous l'ai dit, sa chair est très-estimée, aussi lui fait-on une guerre des plus actives. On en prend un grand nombre en vie et on les transporte en Europe. L'Angleterre surtout en fait une importante consommation. L'arrivée dans un de ses ports d'une cargaison de tortues vivantes n'est pas une mince affaire. Les œufs de la tortue ne sont pas moins appréciés que sa chair ; ils sont nourrissants et d'un goût agréable ; mais le blanc de l'œuf reste toujours liquide : la cuisson ne le durcit pas. Les tortues fournissent aussi une quantité considérable d'huile. Cette huile sert à l'éclairage, et, en certains pays, à la préparation des aliments. Enfin, salée et séchée, la tortue verte n'est pas moins appréciée par les populations de l'Amérique du Sud que la morue sèche ne l'est en France.

Une autre espèce, appelée *caret*, est aussi très-recherchée, non pour sa chair, qui n'est pas bonne à manger, mais pour sa carapace, qui fournit cette belle matière blonde, jaspée et transparente, connue sous le nom d'*écaille*. Vous avez sûrement vu un manche de couteau, ou un peigne élégant, ou un porte-monnaie, ou une tabatière faits avec de l'écaille, et vous vous doutiez probablement bien peu que ces objets eussent été confectionnés avec la cuirasse d'une pauvre tortue capturée à des

milliers de lieues d'ici. L'écaille la plus estimée provient des mers de la Chine. La carapace du caret se compose, non d'une seule pièce, mais de treize feuilles arrangées les unes sur les autres avec une régularité parfaite. Pour façonner l'écaille, on la ramollit dans l'eau chaude et on la met aussitôt dans un moule ou sous une presse. Les rognures ne se perdent pas : on les jette dans l'eau bouillante, et à l'aide de certains procédés on en fait une sorte de pâte dure, connue dans le commerce sous le nom d'*écaille fondue*.

C'est au moment de la ponte que se fait en général la chasse aux tortues, parce que les pauvres bêtes se rassemblent alors en grandes troupes et abordent sur quelque plage solitaire, unie et sablonneuse. La mère tortue commence par regarder attentivement autour d'elle, puis elle pousse un cri perçant dans le but d'effrayer les oiseaux ou petits animaux très-friands de ses œufs, et dont, pour cette raison, elle redoute le voisinage. Ensuite, dans l'espace de dix minutes, elle creuse un trou profond dans le sable avec ses nageoires ; là elle dépose ses œufs, dont le nombre s'élève souvent à 150 ou même à 200. Quand cette opération est terminée, elle ferme le trou, égalise si bien le sol qu'un œil expérimenté peut seul deviner qu'il a été remué ; puis, laissant à la chaleur réunie du sable et du soleil le soin de faire éclore ses œufs, madame la tortue regagne la mer au plus vite. Mais beaucoup, hélas ! ne la regagnent plus, car les chasseurs sont aux aguets et les arrêtent au passage. C'est ordinairement la nuit, par un beau clair de lune, qu'ils vont à la recherche des tortues. Ou bien ils les tuent à coups de gourdins, ou bien, quand ils désirent les prendre vivantes, ils les retournent vivement sur le dos. Deux hommes ne sont pas de trop pour cette opération, et encore doivent-ils se servir de leviers. Une fois renversée, la tortue est tout à fait impuissante ; elle a beau agiter ses nageoires, elle ne peut se redresser. Quelques hommes adroits peuvent ainsi, dans l'espace de quelque heures, s'emparer de 50 à 60 de ces animaux.

Il existe plusieurs espèces de tortues d'eau douce répandues dans les marais et les rivières de tous les continents. Nos espèces d'Europe n'atteignent guère que 20 à 25 centimètres de long ; mais en Afrique et en Amérique, il y en a de grande taille.

Je vous ai dit qu'il existait aussi des tortues terrestres. Elles ressemblent beaucoup aux espèces aquatiques ; mais au lieu de nageoires, elles sont munies de pattes grosses et courtes, terminées par de drôles de petits pieds, ressemblant à des moignons. A vrai dire, ni leur tournure ni leur démarche ne

sont élégantes. Leur lenteur est passée en proverbe. « Tu marches comme une tortue, » disent souvent de petits écoliers à leur camarade qui lambine en se rendant en classe. Différant en cela des espèces marines, qui poussent parfois des cris perçants, la tortue de terre n'a pas de voix : elle est absolument muette. Son intelligence paraît très-bornée, mais elle est douce, inoffensive, susceptible de s'apprivoiser. De plus, elle est très-sobre et peut passer des mois ou même des années sans manger. Des feuilles, des limaçons et des insectes composent sa nourriture. Pendant l'hiver, elle s'engourdit ; elle creuse un trou dans le sol et s'y enfouit pour trois ou quatre mois. Je connais une personne qui a eu pendant quelques années une petite tortue privée ; dès les premiers froids, elle s'ensevelissait sous les cendres du foyer et n'en ressortait qu'au printemps. L'espèce la plus répandue est la tortue grecque, qui abonde sur presque tout le littoral de la Méditerranée. En Algérie, elle est très-commune : nos braves troupiers, quand ils rentrent en France, rapportent souvent dans leur sac une tortue apprivoisée qu'ils ont ramassée eux-mêmes sous un buisson ou dans le sable. La tortue grecque est de petite taille. Sa carapace très-bombée est nuancée de brun et de blanc. Il serait avantageux de l'introduire dans nos jardins, qu'elle débarrasserait des insectes nuisibles.

Il y a, dans les climats très-chauds, des tortues terrestres qui atteignent une grosseur considérable. Leur chair est saine et bonne à manger.

Toutes les tortues, soit de terre soit de mer, croissent fort lentement et peuvent vivre fort longtemps. On en cite un grand nombre qui ont vécu plus d'un siècle en captivité. Dans une ville de l'Angleterre, au palais de l'évêché, on conserve soigneusement sous verre la carapace d'une grande tortue qui y est morte âgée pour le moins de 220 ans. Pendant sa longue vie, sept évêques avaient successivement occupé le palais épiscopal. Elle avait un grand faible pour toute sorte de fruits, surtout pour les fraises. Il paraît même que la gourmande lassa la patience des jardiniers qu'elle connaissait parfaitement et qu'elle suivait partout, afin d'obtenir quelque régal, car on finit par l'attacher à un arbre au moyen d'une corde et d'un trou pratiqué dans sa carapace (Avis aux gourmands et aux indiscrets !) Sa force était étonnante ; on empilait quelquefois jusqu'à dix-huit grosses pierres sur son dos. Au mois d'octobre, elle se creusait, toujours au même endroit du jardin, une retraite souterraine d'un ou deux pieds de profondeur, suivant la rigueur de l'hiver qui approchait. Là elle restait blottie et sans nourriture jusqu'aux beaux jours d'avril. Manière économique et assez commode, n'est-il pas vrai? de passer la saison des frimas.

LE CROCODILE.

Et à présent où sommes-nous? Sur terre ferme, dans un port de l'Amérique du Sud. Notre navire y a jeté l'ancre afin de se *ravitailler,* c'est-à-dire de prendre des provisions fraîches. Profitons des quelques jours que nous avons à passer sur le continent américain pour regarder autour de nous. Remontons le cours de ce large fleuve appelé l'Orénoque, à l'embouchure duquel la ville est située. Voici justement un bateau à vapeur qui s'apprête à partir. Prenons-y place. Quelle grande nature ! Quel charme étrange dans le paysage ! Tout ce qui nous entoure nous surprend et nous enchante... Mais, qu'est-ce donc ? Vous reculez d'horreur... Ah ! je devine : vous venez d'apercevoir un *crocodile.* Je comprends votre épouvante, car cet animal est affreux, et, qui plus est, malfaisant ; mais, je vous préviens que nous en verrons plus d'un dans notre promenade : tâchez donc de vous habituer à sa vue. Pour cela, regardez le monstre bien en face. Son corps, d'une forme allongée et d'une couleur olivâtre, paraît avoir plusieurs mètres de long. Sa peau est couverte d'écailles. Son énorme gueule, fendue bien au delà des oreilles, est armée d'un formidable râtelier. Ses yeux, surmontés d'une peau blanche, sont petits et clignotants, ce qui n'empêche pas que son regard ne soit d'une fixité effrayante. Tenez ! le voilà qui traverse le fleuve ; il nage avec une extrême rapidité, grâce à ses pieds de derrière, qui sont palmés, et à sa queue aplatie. — Ce monstre est-il donc un poisson ? — Oh ! non, car il a quatre fortes pattes, et les poissons, vous le savez, n'en ont pas. C'est un reptile, comme la tortue. Quelle variété parmi les reptiles ! Sur le nombre, il y en a de très-beaux ; mais en général, il faut le dire, ces animaux, même ceux qui sont inoffensifs, inspirent à l'homme une instinctive répulsion : cela tient, je pense, en grande partie, à ce que leur sang est froid et leur contact désagréable.

On appelle *amphibies*, je vous l'ai déjà dit, les nombreux reptiles qui vivent indifféremment sur la terre et dans l'eau. Parmi les amphibies, il n'en est pas de plus remarquable et de plus redoutable à la fois que le crocodile. Soyons reconnaissants envers le Créateur de ce que notre Europe, si favorisée sous tant de rapports, n'en est pas infestée. Le crocodile habite les régions les plus chaudes du globe. On en compte trois espèces principales : l'*alligator* ou *caïman*, qui abonde dans les fleuves et les marécages du nouveau monde; le *gavial*, qui est un des fléaux de l'Inde; enfin, le crocodile proprement dit répandu en Afrique, dans l'Asie méridionale et en diverses contrées de l'Amérique.

Par sa forme, le crocodile ressemble au lézard ;

mais au lieu de mesurer comme celui-ci de 15 à 30 centimètres, le monstre atteint jusqu'à 8 ou 10 mètres de long. Les écailles qui protégent son corps sont très-dures et presque impénétrables aux balles. Il marche ou plutôt il rampe difficilement, et son cou n'étant pas flexible, il ne peut se retourner que tout d'une pièce. Le crocodile est carnassier et d'une avidité féroce. On l'a appelé « le tigre des eaux, » et il mérite bien ce surnom. Il est le fléau des lacs et des rivières qu'il a choisis pour domicile. Sa nourriture consiste principalement en poisson et en oiseaux aquatiques qu'il happe au passage avec beaucoup d'adresse ; mais il s'attaque aussi aux animaux terrestres et à l'homme lui-même. Un voyageur raconte que, dans une ville de l'Amérique du Sud, que traverse justement l'Orénoque, un crocodile s'élança un jour sur une promenade publique qui longe le fleuve, saisit un malheureux passant, et, avant qu'il fût possible de lui prêter secours, l'entraîna au fond des eaux. Ce n'est pas gai, n'est-il pas vrai? surtout quand on navigue sur l'Orénoque. Mais rassurez-vous, de tels faits sont heureusement fort rares ; d'ailleurs nous sommes parfaitement en sûreté sur notre beau navire. J'ai lu aussi qu'un voyageur qui parcourait l'Afrique aperçut un jour une mignonne petite gazelle qu'étreignait dans ses pattes de devant un énorme crocodile. Vite le voyageur prend sa carabine, vise le monstre à la tête et tire... Mais celui-ci, effrayé par le mouvement, s'enfuit dans les roseaux, et la gazelle, de son côté, qui semblait avoir plus de peur que de mal, disparut en bondissant.

Si vorace que soit le crocodile, il peut jeûner sans inconvénient pendant des semaines ou même des mois. Après s'être bien repu, il tombe généralement dans un état de somnolence et de torpeur. Lorsque sa proie est trop grosse pour être avalée tout d'une fois, le dégoûtant animal l'emporte à son gîte, qu'il transforme ainsi en magasin à provisions.

Dès que le printemps arrive, la mère dépose ses œufs sur le sable du rivage, dans un creux bien exposé au soleil et qu'elle a eu soin de doubler de feuilles sèches. Au bout de quarante jours, la chaleur fait éclore les œufs, dont le nombre varie de 20 à 60. Au sortir de leur coquille, les petits ont tout au plus 20 centimètres de long. La mère les conduit à l'eau et les nourrit jusqu'à ce qu'ils soient en état de se tirer d'affaire par eux-mêmes. Heureusement pour l'humanité, les œufs du crocodile ont de nombreux ennemis. Je ne vous en citerai que deux : le *varan*, sorte de lézard énorme, mais inoffensif, et l'*ichneumon*, petit quadrupède à peu près de la taille d'un chat. Le premier est particulier à l'Amérique du Sud, le second à l'Afrique : tous les deux sont très-friands des œufs du crocodile et en font disparaître un nombre considérable. C'est ainsi qu'à côté du mal, la bonne Providence a toujours placé le remède.

Vous savez tous, je n'en doute pas, qu'il existe un pays nommé l'Egypte. Il est situé au nord de l'Afrique et traversé par un grand fleuve : le Nil. L'Egypte est souvent mentionnée dans la Sainte Ecriture. C'est en Egypte que le pieux Joseph, après avoir été vendu par ses frères, fut conduit par le Seigneur, et, du rang de simple esclave, fut bientôt élevé à celui de gouverneur du royaume. C'est en Egypte que naquit plus tard ce cher Moïse dont vous connaissez tous la touchante histoire. Vous savez que le cruel Pharaon ayant ordonné aux Israélites de jeter tous les petits garçons qui leur naîtraient dans les eaux du Nil, la mère de Moïse alla le déposer avec prières et avec larmes parmi les joncs du fleuve. Dieu permit que la fille même de Pharaon le recueillît et l'adoptât; mais que serait devenu le petit Moïse si la princesse ne l'eût sauvé? Hélas! il eût partagé le sort des autres enfants Israélites: il fût sans doute devenu la proie des énormes crocodiles qui autrefois peuplaient la rivière, comme ils la peuplent aujourd'hui encore. De tout temps, en effet, le Nil a été infesté par ces hideux amphibies. Cachés dans les grands roseaux qui abondent sur les bords, ils se tiennent en embuscade, prêts à s'élancer sur leur proie. Et pourtant, chose étrange! ce crocodile, qui fut toujours un fléau pour ces régions, les Egyptiens de l'antiquité le vénéraient comme un dieu. Chaque famille avait son crocodile sacré; on le nourrissait des meilleurs morceaux; on mettait des anneaux d'or à ses pattes de devant, des pendants à ses oreilles; et lorsqu'il mourait, on l'embaumait et on le conservait comme une relique. Mais les temps sont changés. Maintenant, en Egypte comme aux Indes et ailleurs, on fait aux crocodiles une guerre acharnée. On tâche de les surprendre pendant leur sommeil ; on les blesse à coups de harpons, puis on les tire à terre où on les achève. Cette chasse très-dangereuse a un double but : d'abord de détruire des animaux malfaisants, puis d'obtenir un liquide contenu dans le corps du reptile et qui exhale une forte odeur de musc. Avec ce musc, on compose un parfum pour les cheveux, très-recherché dans tout l'Orient. Mais il y a plus : en certains pays, la chair du crocodile passe pour excellente ; on la débite dans les boucheries ; la queue, en particulier, est considérée comme un morceau des plus savoureux. Que dites-vous de cela, mes chers enfants ? Autrefois, on adorait le crocodile, aujourd'hui on le mange. Nous ne ferons ni l'un ni l'autre, n'est-il pas vrai ?

Les crocodiles du Gange ne sont pas moins renommés que ceux du Nil. Le Gange est un grand fleuve de l'Inde que les Hindous regardent comme sacré. Ils croient, les pauvres païens, se purifier l'âme en même temps que le corps en y prenant un bain. De plus, ils considèrent comme le bonheur suprême de pouvoir mourir dans les eaux du Gange.

Aussi, rien n'était plus commun autrefois que de voir des corps humains flotter sur ce large fleuve et poursuivis par d'énormes crocodiles qui s'en disputaient les lambeaux. Cet affreux spectacle est devenu plus rare depuis que l'Evangile et avec lui la civilisation ont pénétré aux Indes. Les bons missionnaires ont enseigné à ces populations idolâtres que l'eau du Gange, pas plus que toute autre, ne saurait blanchir nos âmes souillées, mais que seul « le sang de Jésus-Christ purifie de tout péché. » Ils leur ont aussi appris que pour mourir en paix, il n'est point nécessaire de se transporter dans un lieu ou dans un autre, mais qu'il suffit de reposer simplement dans les bras du Sauveur. Des milliers et des millions de païens ont cru à ces bonnes nouvelles ; mais qu'il est grand encore le nombre des âmes que n'a point éclairées le Soleil de justice !

« Que son éclat vienne
» Ouvrir tous les yeux !
» Que la nuit païenne
» S'efface en tous lieux ! »

C'est là, mes chers enfants, ce que nous devons demander à Dieu du fond du cœur.

LA GRENOUILLE.

Ecoutez! Quel est ce mugissement sauvage? Ce doit être la voix d'une bête féroce, d'un bison en colère, ou d'un monstre quelconque. Demandons à cet Américain, qui lit son journal à côté de nous, sans paraître ému par ce bruit étrange. « Cela? » nous répondit-il en riant; « mais c'est tout simplement une grenouille qui chante. Il est vrai que cette espèce est de belle taille : vous n'en avez point de pareille en Europe. Nous l'appelons grenouille-*taureau* ou *beuglante*, parce que son cri sonore imite à s'y méprendre le beuglement d'un bœuf; on l'entend d'une lieue à la ronde, et la nuit il est fort incommode. La grenouille-taureau habite les étangs et les marécages; les crocodiles lui font la chasse, mais la commère est très-alerte et plonge au moindre danger. Cependant, » ajoute notre voisin qui est très-causeur, « un colon, de mes amis, en a attrapé une, et a réussi à l'apprivoiser. Elle vient, à l'appel de son nom, manger dans la main de son maître. »

L'Américain a raison : la grenouille-taureau est inconnue en Europe, et le ciel en soit béni ! car son cri est aussi effrayant qu'insupportable. Mais si cette espèce nous manque, nos rivières et nos marais, vous le savez, n'en sont pas moins peuplés de grenouilles. Qui n'en a souvent vu dans ses promenades ? Qui n'a tressailli plus d'une fois au saut brusque et disgracieux d'un de ces petits animaux cachés parmi les feuilles ? Toutes les grenouilles sont amphibies. Elles nagent parfaitement, mais elles viennent volontiers à terre. Elles affectionnent les ruisseaux peu rapides, les flaques d'eau stagnantes, les terrains marécageux. La grenouille n'est-elle pas un reptile ? Non, c'est un *batracien*. Les reptiles ont tous des écailles plus ou moins dures, tandis qu'elle a la peau nue et lisse. Inutile, n'est-il pas vrai, de vous décrire la grenouille. Vous savez tous qu'elle a quatre longues jambes, point de queue, la tête plate, le corps arrondi, les yeux vifs, la bouche largement fendue. Vous savez aussi que, pendant les belles soirées d'été, son cri rauque et monotone retentit dans les campagnes. Ce cri s'appelle *coassement*. Mais à l'approche du froid, les grenouilles se taisent; car elles passent l'hiver ensevelies dans la vase, au fond des étangs. Elles se réunissent en nombre considérable, et, sans doute pour se tenir au chaud, se blottissent les unes contre les autres de manière à former une masse compacte. Comme les reptiles, les grenouilles ont le sang froid ; comme eux aussi, elles sont ovipares. Si vous habitez près d'une mare ou d'un ruisseau bourbeux, vous pourrez voir, dès le mois de mars, des amas d'œufs de grenouilles, assez semblables à une gelée transparente, flotter à la surface de l'eau. Et que deviennent ces œufs? L'animal en sort-il tout formé? Non. Il lui arrive à peu près ce qui arrive aux insectes, c'est-à-dire qu'il subit une transformation progressive. Dès le lendemain, le petit œuf gélatineux s'allonge. Puis, il s'y forme une espèce de tête, des ouvertures pour respirer. Bientôt après, une bouche, des yeux, des narines se des-

sinent successivement. Enfin, un beau jour, l'œuf se trouve transformé en une drôle de petite créature, noire, sans pattes, avec une énorme tête, et une queue effilée. Le *têtard* (c'est le nom qu'on lui a donné), nage avec une agilité extrême : on dirait le mouvement perpétuel. Son appétit est prodigieux; il mange les vers, les insectes, tous les débris qu'il trouve, et se développe à vue d'œil. Bientôt apparaissent les pattes de derrière, puis celles de devant; enfin le têtard perd sa queue, et la métamorphose est complète. Les jeunes grenouilles sortent alors de l'eau, et se répandent dans les prairies voisines en si grande abondance, que si les fouines, les serpents, les canards et les cigognes, ne leur faisaient la chasse, elles deviendraient un véritable fléau. Vous vous souvenez des plaies d'Egypte; vous savez que le Seigneur châtia par leur moyen le tyran Pharaon, qui voulait retenir les Israélites captifs dans son pays. Quelle fut la seconde plaie? « Le fleuve » (c'est-à-dire le Nil), « produisit une infinité de grenouilles, qui montèrent et couvrirent le pays d'Egypte. » Les maisons, les palais, la chambre même du roi, en furent envahies. Sans doute, ce fut là une invasion exceptionnelle de grenouilles, un miracle de la justice divine ; toutefois, l'apparition inattendue d'une quantité considérable de ces animaux est un fait qui s'est produit à diverses époques.

Vous apprendrez peut-être avec surprise que nos grenouilles européennes peuvent s'apprivoiser tout aussi bien que leur grande sœur d'Amérique. Un savant anglais en a conservé une pendant plusieurs années. Elle avait d'abord passé la tête par un petit trou, dans les bas offices de la maison. Les domestiques la remarquèrent; mais, pendant un an, la curieuse se retirait dès qu'on approchait du trou. Cependant, à force de lui faire des avances et de lui offrir de la nourriture à son goût, on finit par vaincre sa timidité, si bien que, peu à peu, elle devint non-seulement familière, mais amicale. Pendant les trois années qui suivirent, elle revint tous les jours faire sa visite accoutumée, et, à l'heure des repas, mangeait ce que les domestiques lui préparaient. La grenouille aimait beaucoup la chaleur du feu ; en hiver, elle venait à la veillée s'allonger devant le grand foyer de la cuisine, où elle restait jusqu'à ce que tout le monde se fût retiré. Elle s'y rencontrait souvent avec un vieux chat, et, chose remarquable, il s'établit entre eux une intimité et un attachement réciproques. La grenouille allait se blottir dans la chaude fourrure du chat, et le chat paraissait heureux de contribuer au bien-être de sa petite amie. Joli spectacle, n'est-il pas vrai ? et qui nous fait songer à l'heureux temps prédit par la Parole de Dieu, où toutes les créatures vivront de nouveau, comme en Eden, dans la paix et dans la concorde.

On compte une vingtaine d'espèces de grenouilles. Les deux les plus répandues en France sont la grenouille verte, incommode en été par ses incessantes clameurs, et la rousse, allant plus à terre que la précédente, et coassant beaucoup moins. Les deux espèces sont comestibles; mais la rousse est la plus estimée par les amateurs. Dans notre pays, il s'en fait annuellement une grande consommation, si grande que nos voisins les Anglais se moquent de nous, et nous appellent par dérision des « mangeurs de grenouilles. » Ce qu'il y a de certain, c'est que la France n'en a pas assez des siennes, et qu'elle en fait venir de l'étranger. La Belgique seule en expédie à Paris jusqu'à trente mille par jour !

La plus jolie des grenouilles est sans contredit la petite *rainette* verte que vous devez tous connaître. Elle a des membres délicats, des yeux noirs et brillants. C'est une chanteuse intrépide, surtout à l'approche de la pluie. Comme ses sœurs, elle naît dans l'eau, y passe son enfance, et y retourne en hiver ; mais quand elle en sort, au lieu de rester dans les marécages, elle va volontiers se percher sur les arbres. Les bois humides sont en général peuplés de rainettes. On les voit sauter agilement de branche en branche, guettant les mouches, les cousins et autres insectes dont elles se nourrissent. Au reste, la grenouille quelle qu'elle soit, devrait être considérée comme l'amie du cultivateur, car elle débarrasse la terre d'un grand nombre de limaces, d'escargots, d'insectes destructeurs. J'en dirai autant d'un autre *batracien*, que les enfants, et même bien des grandes personnes, confondent quelquefois avec la grenouille : c'est le *crapaud*, au sujet duquel il existe tant d'injustes préventions. Il faut l'avouer, le crapaud est fort laid ; il est même dégoûtant. Son corps lourd, trapu, difforme, est couvert de grosses verrues toujours humides. Et sa démarche! elle est ignoble. Pauvre crapaud! Son aspect hideux, la bave qu'il répand quand il est irrité, en ont fait de tout temps un objet de répulsion et d'horreur. Autrefois, on le considérait à peu près comme un sorcier. Un savant célèbre, convaincu d'avoir gardé chez lui un crapaud, renfermé dans un bocal, fut condamné à être brûlé vif. Et aujourd'hui même, surtout dans nos campagnes, que de gens assez crédules, assez absurdes, pour attribuer à ces animaux je ne sais quelle influence maligne et surnaturelle! D'autres, sans aller aussi loin, s'obstinent à affirmer qu'ils sont venimeux; aussi, quand il s'en rencontre quelqu'un sur leur chemin, considèrent-ils comme un devoir sacré de l'assommer impitoyablement. Chers enfants, souvenez-vous que l'ignorance est la mère de la cruauté, comme de bien d'autres vices. Si nous étudiions davantage les œuvres de Dieu, nous reconnaîtrions que pas une de ses créatures n'est complétement inutile; comment donc pourrions-nous encore faire souffrir sans nécessité des êtres destinés par le Créateur à nous rendre service? Le crapaud, en particulier, bien loin d'être nuisible à l'homme, lui est, au contraire, fort utile, car il détruit une grande quantité de petits animaux et d'insectes malfaisants. Cela est si vrai, que, depuis quelques années, les grands maraîchers de l'Angleterre, trouvant qu'ils n'ont pas assez de crapauds, en achètent en France par milliers; ils les laissent se promener librement dans leurs jardins, afin que leurs primeurs ne soient pas ravagées. Au reste, malgré son apparence farouche, le crapaud, comme la grenouille, peut aisément s'apprivoiser. Un naturaliste avait un crapaud familier, qui s'asseyait sur une de ses mains, et mangeait dans l'autre. J'ai lu aussi qu'une famille en conserva un pendant trente-six ans. Il venait tous les soirs prendre ses repas sur une petite table, près de ses maîtres. Sa renommée s'étendit au loin; il recevait beaucoup de visites; les dames mêmes voulaient le voir. N'allez pas supposer que je désire vous engager à avoir un crapaud favori: oh non! et je n'ai certes aucune envie d'en avoir un moi-même. Mais ce que je voudrais, mes chers enfants, c'est vous inspirer pour ce pauvre animal, si méprisé, moins de dégoût et plus de bienveillance. Justice pour tous, même pour le crapaud !

LES CRUSTACÉS.

Notre baleinier ne mettra à la voile que ce soir. Nous avons encore quelques heures devant nous. Allons nous promener sur la grève : nous jouirons d'une vue magnifique, et peut-être trouverons-nous quelque jolie plante marine ou quelque curieux crustacé.

« Des *crustacés !* » allez-vous me dire ; « quel singulier nom ! Nous ne connaissons point d'animaux qui portent ce nom-là. »

Ecoutez. Ceux d'entre vous qui sont quelquefois allés aux bains de mer n'ont-ils pas vu sur la plage d'étranges bêtes, au corps recouvert d'une espèce de carapace et armé d'une douzaine de pattes crochues ? La première fois que vous avez vu ces bêtes, je parierais que vous avez eu peur. « Ne craignez rien : c'est un *crabe*, » vous a-t-on dit pour vous rassurer. — Eh bien ! un crabe est un crustacé.

Ecoutez encore. En vous promenant dans la campagne, n'avez-vous jamais rencontré, au bord d'un ruisseau écumeux ou d'une petite rivière, de jeunes garçons, pieds nus, pantalon retroussé, qui semblaient chercher quelque chose avec attention parmi les cailloux? Vous avez demandé ce qu'ils faisaient, et on vous a répondu, n'est-ce pas? « Ils pêchent des *écrevisses.* » Et si alors vous avez eu la curiosité d'ouvrir le panier des jeunes pêcheurs, vous avez vu de petites bêtes à l'aspect bizarre, à la teinte bronzée... ou plutôt vous n'avez rien vu qu'un amas confus de pattes qui remuaient, s'agitaient, se croisaient en tous sens. L'écrevisse est aussi un crustacé.

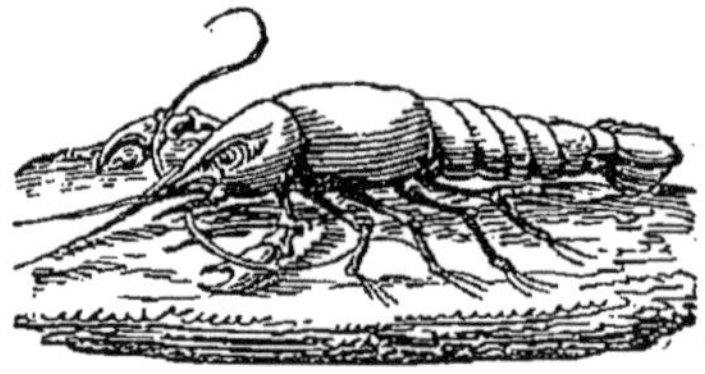

Ou bien encore n'a-t-on jamais servi devant vous, sur la table de vos parents ou de vos amis, un animal, pourvu également d'un grand nombre de pattes, et dont le corps allongé était recouvert d'une sorte de coquille du plus beau rouge? C'était un *homard* ou une *langouste* : or, l'un et l'autre sont des crustacés. Savez-vous pourquoi on a donné le nom de *crustacés* à cette curieuse famille d'habitants des eaux ? C'est parce qu'ils sont revêtus, non d'écailles, comme le crocodile, non d'une carapace osseuse, comme la tortue, non pas même d'une coquille, comme le limaçon, mais d'une véritable *croûte* qui se renouvelle à certaines époques pendant la croissance de l'animal. Quoique peu attrayants par leur forme et leur aspect, les crustacés n'en sont pas moins intéressants à étudier. Ils ont quatre longues antennes et cinq ou sept paires de pattes, terminées chez quelques espèces par de fortes pinces. Leur bouche est munie pour le moins de six mâchoires, et leurs yeux sont formés de nombreuses facettes. Leur sang est blanc. Les petits, en sortant de l'œuf, subissent, comme les insectes, diverses métamorphoses. On dirait, n'est-ce pas ? que, doués comme ils le sont d'une si grande abondance de pattes, les crustacés doivent être des marcheurs de première force. Nullement. Rien n'est grotesque comme leurs allures quand ils se traînent sur le sable ou sur les rochers ; ils semblent tout embarrassés de leurs longues jambes ; on dirait des enfants perchés sur des échasses. En revanche, ils nagent très-bien. Quelques espèces, comme l'écrevisse et la langouste, ont à leur queue de minces feuilles écailleuses qui, s'ouvrant en forme d'éventail, les aident beaucoup à se soutenir sur l'eau. Les crustacés sont très-voraces ; ils se nourrissent de poissons morts ou vivants, de vers, d'insectes, de chair corrompue, etc. Presque tous sont comestibles, c'est-à-dire bons à manger. Cuits, leur carapace devient d'un rouge vif, tandis que vivants elle est noire ou brune. La langouste, si je ne me trompe, est celui des crustacés qui atteint la plus grande taille. Elle abonde dans la Méditerranée aussi bien que dans l'Océan. On en trouve qui pèsent jusqu'à 5 ou 6 kilogrammes. Les plus grosses que j'ai vues avaient été prises sur les côtes de l'île de Corse. La chair de la langouste est très-estimée. Celle du homard l'est peut-être encore davantage. Celui-ci a les pattes plus grosses et les antennes moins longues que sa cousine ; de plus, il possède, près de la mâchoire, deux fortes pinces dont la langouste est dépourvue. Les *crevettes* ressemblent à des homards en miniature ; elles ne sont pas plus longues que le doigt. On les pêche en abondance sur les côtes de France et d'Angleterre. Quant aux écrevisses, elles n'habitent que les eaux douces. Leur démarche est particulièrement singulière : elles vont à reculons. Quoiqu'elles se nourrissent de matières corrompues et de toutes sortes d'impuretés, leur chair est délicate. Leur voracité est si grande que souvent elles se mangent entre elles. Les écrevisses, de même probablement que les autres crustacés, peuvent vivre vingt ou trente ans. Quand elles perdent une patte ou une pince, à la bataille ou par accident, le membre ne tarde pas à repousser, tout comme nos ongles et comme les dents des petites personnes. En France, les écrevisses se trouvent plus ou moins dans tous les cours d'eau. Elles abondent dans le Nivernais, aussi la pêche de ces crustacés est-elle une des industries du pays. Cette pêche se fait la nuit, à la clarté de torches de paille. Les paysans descendent dans l'eau et agitent

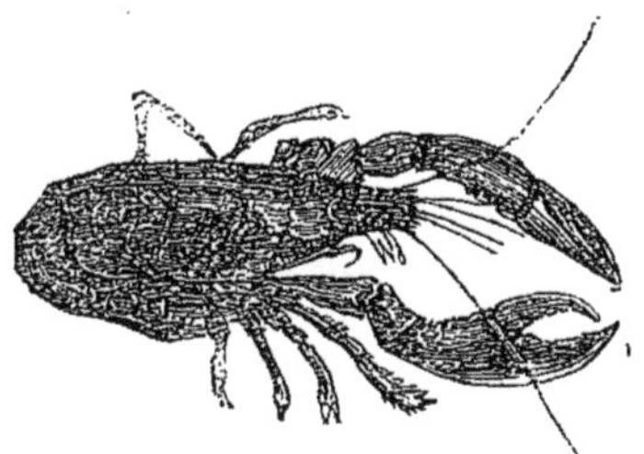

leurs torches ; les écrevisses, effrayées ou attirées par la lumière, sortent précipitamment de leurs retraites ; quand elles se voient entourées d'ennemis, elles se défendent avec courage, et plus d'un pêcheur se sent pincé à la jambe ; mais les pauvres bêtes ont beau faire, elles sont bientôt dans le sac.

Aucun des crustacés n'est beau à voir, mais le crabe l'emporte, je crois, sur tous les autres en laideur. Au reste, vous allez en juger. J'en aperçois justement deux qui se traînent sur le sable. Ne dirait-on pas d'énormes araignées ? Ils marchent assez vite ; mais que leurs mouvements sont disgracieux ! L'un est roussâtre et sa carapace est rugueuse ; celle de l'autre, au contraire, est lisse et d'une couleur brune. Les crabes, très-communs sur toutes les côtes de l'Océan et de la Méditerranée, se nourrissent d'animaux marins morts ou vivants. Ils sont craintifs et se retirent dans les fentes des rochers. On en compte plusieurs espèces dont quelques-unes atteignent une grande taille. Sur les côtes de l'Angleterre, on en trouve de la dimension d'une assiette, et qui sont estimés par les gourmets à l'égal du homard.

LES POISSONS.

N'est-il pas bien temps, mes chers enfants, que je vous parle des habitants des eaux par excellence, je veux dire des *poissons?* Au reste, quel lieu pourrait mieux convenir au sujet que celui où nous sommes? Assis sur le pont de notre baleinier, dont les voiles sont enflées par une douce brise, nous voyons fuir rapidement derrière nous les rivages du Nouveau monde. Bientôt nous n'apercevrons plus rien, — rien que les immensités de l'Océan. Mais je me trompe : pendant tout notre voyage, nous serons en nombreuse compagnie. Des multitudes de créatures vivantes escorteront notre navire. Regardez fixement la mer, aujourd'hui transparente comme un miroir : ne voyez-vous pas à tout moment défiler sous l'eau de gros ou de petits poissons qui passent et disparaissent comme des ombres? Quelle grâce, quelle agilité dans leurs mouvements! Qu'ils ont l'air gais et heureux! Jolis poissons frétillants, quel dommage que vous ne puissiez nous raconter votre histoire et nous dire les mystères des profonds abîmes! L'eau est la patrie des poissons ; c'est leur domaine, leur élément. Les amphibies, vous le savez, peuvent vivre sur terre ; mais les poissons périssent quand on les retire de l'eau. Pourquoi cela? Parce que la conformation de leurs organes ne leur permet de respirer que dans l'eau. Presque tous ont la peau couverte de brillantes écailles. Leur sang est froid, mais rouge. Leurs yeux ronds et à fleur de tête sont toujours ouverts ; mais leur vue est très-bornée. Le sens de l'odorat, au contraire, paraît être chez eux d'une finesse extrême. Leurs os, très-nombreux et admirablement arrangés, s'appellent des *arêtes*. Au lieu de membres, ils ont des nageoires, et, au lieu d'oreilles, des *ouïes*. Les ouïes sont ces ouvertures plus ou moins larges que les poissons portent aux deux côtés de la tête, et par lesquelles ressort l'eau qu'ils ont absorbée en respirant. Savez-vous que c'est le corps du poisson qui a servi de modèle à nos navires? Impossible, en effet, d'imaginer une forme plus favorable à la navigation. La queue de l'animal lui sert à la fois de rame et de gouvernail, et ses nageoires ouvertes ne ressemblent pas mal à des voiles déployées.

Mais le poisson possède encore un autre organe placé à l'intérieur de son corps, — organe admirable qui lui permet de se soutenir dans l'eau sans le moindre effort. C'est une petite vessie qui se gonfle ou se vide comme une balle de caoutchouc, en sorte que le corps remonte ou descend, s'élève ou s'abaisse à la volonté de l'animal. Souveraine sagesse du Créateur! elle ne se voit pas moins distinctement dans la conformation du poisson que dans tous ses autres ouvrages.

Il y a, vous le savez, des poissons de rivière aussi bien que des poissons de mer. Les uns et les autres sont remarquables par leurs formes variées et leurs belles couleurs. La chair d'un grand nombre d'espèces fournit à l'homme une nourriture saine et délicate. On connaît peu de chose sur les mœurs de ces animaux. Leur intelligence paraît très-bornée, leur avidité est extrême. Ils se dévorent les uns les autres et passent leur vie, souvent fort longue, à se combattre avec acharnement. Au sein de l'Océan, comme trop souvent, hélas! sur notre pauvre terre souillée par le péché, le fort opprime le faible, le grand maîtrise le petit. Parmi les poissons comme parmi les oiseaux, il en est qui font annuellement de longs voyages connus sous le nom de *migrations.* Le *hareng* est peut-être le plus remarquable de ces poissons voyageurs. Ceux d'entre vous qui ne le connaissent que pour l'avoir vu dans des barils, tel qu'il se vend chez les épiciers, seront sans doute étonnés d'apprendre que, vivant, c'est un charmant poisson à la forme gracieuse, aux reflets bleus et verts glacés d'argent. Il n'habite que les mers du Nord ; jamais on ne le pêche dans la Méditerranée. Tous les ans, à la même époque, les harengs apparaissent en grand nombre sur les côtes de France, de Hollande, de Norwége et d'Ecosse ; leur apparition est une fête pour les pêcheurs du littoral. On ne peut se faire une idée du magnifique spectacle que présentent ces colonnes immenses sillonnant les ondes transparentes et éclairées par le soleil. On dirait une prairie mouvante couverte de fleurs variées. Des milliers de gros poissons suivent la colonne et dévorent les retardataires. On pêche les harengs avec de grands filets : il n'est pas rare que l'on en prenne des milliers à la fois. Lorsqu'ils sont destinés à être mangés frais, les pêcheurs retournent au plus vite au port. Aussitôt arrivé, le bateau est envahi par les marchands de poissons qui viennent remplir leurs paniers aux filets débordants. Rien n'est plus animé qu'une scène de ce genre. Elle fait songer aux pêches miraculeuses dont parle l'Evangile. Quand, au contraire, on veut saler les harengs, on fait cette opération à bord. Ainsi préparés et conservés, ils sont une précieuse ressource pour le pauvre. En France, et surtout dans les pays du Nord, il s'en fait une consommation énorme. Les Hollandais apprécient tellement le hareng qu'ils l'ont appelé « le trésor de l'Etat. »

Les *sardines* ont quelque ressemblance avec le hareng, mais elles sont beaucoup plus petites. Comme lui, elles arrivent dans nos parages à époques fixes. On les pêche principalement dans la Méditerranée et sur les côtes de Bretagne. Vous connaissez peut-être la chanson :

« Allons à Lorient,
» Pêcher la sardine !
» Allons à Lorient,
» Pêcher le hareng ! »

Eh bien ! Lorient est un petit port de Bretagne

où ces deux pêches ont acquis une importance considérable. On prend chaque année sur les côtes de France plus de 600 millions de sardines. D'un coup de filet, on en a recueilli parfois jusqu'à 250,000. On les mange fraîches ou conservées à l'huile : vous en avez sûrement goûté plus d'une fois.

Un autre joli poisson voyageur, c'est le *maquereau*. Ses écailles d'un bleu métallique ont les reflets miroitants de la moire.

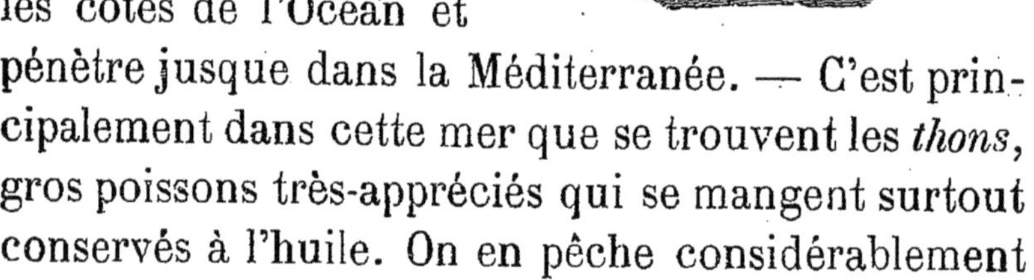

Il arrive au printemps de l'extrême Nord, suit les côtes de l'Océan et pénètre jusque dans la Méditerranée. — C'est principalement dans cette mer que se trouvent les *thons*, gros poissons très-appréciés qui se mangent surtout conservés à l'huile. On en pêche considérablement sur les côtes de Provence, au moyen d'énormes filets appelés *madragues*.

Pendant que nous causions de poissons, il paraît que nos braves marins s'en occupaient d'une autre manière. Admirez leur belle prise. C'est une *morue*. Je suppose qu'elle figurera ce soir sur la table du capitaine. La morue fraîche est excellente ; mais ce poisson ne visitant guère nos parages, on en mange fort peu en France. La morue salée est au contraire

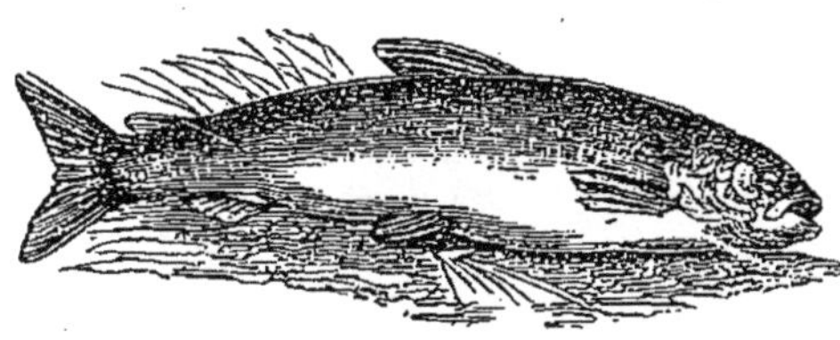

un objet de consommation très-répandu. La pêche de la morue se fait principalement sur le banc de Terre-Neuve, cette grande île située au nord de l'Amérique et où notre navire a touché, vous vous en souvenez, à son retour des régions polaires. La France expédie tous les ans pour cette destination de quatre à cinq cents navires. Quand la pêche est bonne, ces navires rapportent jusqu'à 30 millions de kilogrammes de morue salée.

Tous les poissons ont-ils exactement la même forme? Oh! non. Il en existe toute une famille qu'on appelle *poissons plats*, parce qu'en effet leur corps est large, très-aplati et souvent presque rond. Ils nagent dans une position oblique, le côté des yeux tourné en dessous. De cette espèce, vous connaissez au moins la *sole*, commune sur nos marchés. Une sole de petite taille est tellement mince qu'on la prendrait d'un peu loin pour un morceau de carton gris. Les *turbots* sont les plus recherchés des poissons plats : ils atteignent une grosseur considérable et pèsent quelquefois 8 ou 10 kilogrammes. On en trouve plus ou moins sur tout le littoral de l'Europe, en particulier à l'embouchure des rivières. « C'est un mets de prince ! » disent les gourmands. Mon cher enfant,

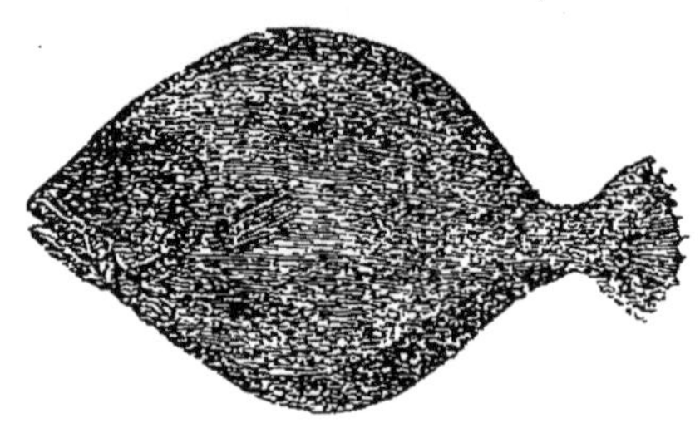

êtes-vous gourmand ? J'espère que non, car la gourmandise est un grand péché. Pour ma part, je ne puis dire quelle répulsion elle m'inspire. Une personne, grande ou petite, qui a l'air d'être toujours à la recherche d'un bon morceau me paraît à peine supérieure à un animal. Admirons la bonté de notre Père céleste, qui a mis à la portée de l'homme une nourriture saine, abondante et variée. Surtout soyons contents et reconnaissants des aliments qu'il nous donne à nous-mêmes ; mais, de grâce, ne faisons pas du manger et du boire l'affaire la plus importante de notre vie.

Le *saumon* est aussi très-estimé. C'est à la fois un poisson de mer et d'eau douce. Il passe l'hiver dans les profondeurs de l'Océan ; au printemps, il remonte les fleuves, et il les quitte de nouveau vers l'automne. Nageur infatigable, il parcourt des distances énormes et ne se laisse arrêter ni par les courants les plus rapides ni même par les chutes d'eau, qu'il franchit d'un seul bond. On en trouve jusque dans les torrents et les lacs de montagnes. C'est le plus beau poisson d'eau douce : on l'a appelé le « roi des fleuves. » Ses nageoires sont petites, ses écailles magnifiquement argentées. Son corps, d'une souplesse extrême, a une forme élégante. Mais si son extérieur est agréable, ses mœurs ne le sont guère. Sa voracité, ou plutôt sa gloutonnerie, n'a pas de bornes. Les saumons se mangent entre eux, sans le moindre scrupule. En France, ils ne sont jamais abondants ; mais dans les pays du Nord, il s'en prend des quantités prodigieuses. L'Irlande, l'Ecosse, la Suède et la Norwége sont renommées pour leurs saumons. Comme ils ont l'habitude de nager en bandes et à la file les uns des autres, on en prend quelquefois deux et trois cents. Pour cela, on barre les rivières et on tend de grands filets. Leur taille varie beaucoup : souvent ils pèsent 15 kilos.

La pêche aux saumons est une des industries les plus importantes de la Suède; on en prend une si grande abondance, qu'on les sale et qu'on les fume pour être mangés en hiver.

Le *brochet* est aussi un beau poisson d'eau douce. Sa forme est déliée, sa course rapide. Plus petit que le saumon, il l'égale en voracité. C'est un animal de sang et de rapines, unissant la force à la ruse, et qui suffit

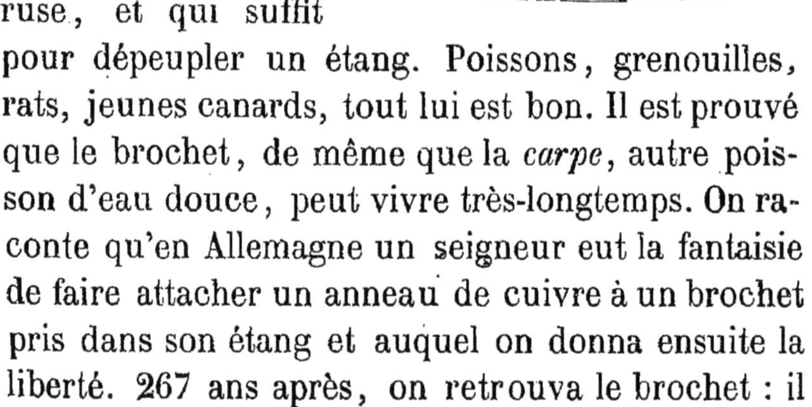

pour dépeupler un étang. Poissons, grenouilles, rats, jeunes canards, tout lui est bon. Il est prouvé que le brochet, de même que la *carpe*, autre poisson d'eau douce, peut vivre très-longtemps. On raconte qu'en Allemagne un seigneur eut la fantaisie de faire attacher un anneau de cuivre à un brochet pris dans son étang et auquel on donna ensuite la liberté. 267 ans après, on retrouva le brochet : il pesait alors 350 livres, et sa longueur dépassait 6 mètres!

Mais, qu'est-ce donc? Que regardent ces matelots

à l'arrière du navire ? Allons voir... Oh ! quel monstre ! C'est un *requin*. Il a au moins 8 mètres de long. Avec quelle rapidité il fend les flots ! — On dirait qu'il

nous poursuit ; qu'allons-nous devenir ? — Ne craignez rien, mes chers enfants ; il ne montera pas sur le navire ; mais si un homme de l'équipage se jetait à la mer ou faisait quelque autre imprudence, en un clin d'œil le requin se jetterait sur lui... Ah ! quel bonheur ! Voilà le monstre qui s'éloigne : on a tiré des coups de feu et il a été effrayé. Les navires en marche sont bien souvent suivis par des bandes de ces redoutables poissons. La bouche d'un requin, qui a souvent jusqu'à deux mètres de tour, est garnie de plusieurs rangées de dents aussi aiguës que les dents d'une scie. Sa voracité est effrayante. Il avale sa proie avec une telle gloutonnerie qu'on a parfois trouvé dans son corps un homme revêtu de ses habits. Le tumulte d'un combat naval ne l'empêche pas de suivre à distance les vaisseaux engagés et d'attendre, gueule béante, les malheureux, morts ou blessés, qui tombent dans les flots.

Oh! le curieux et charmant spectacle! Voici une bande de *poissons volants*. Voyez-les bondissant hors de l'eau et planant quelques instants au-dessus des vagues. Ont-ils donc des ailes, comme les oiseaux? Non;

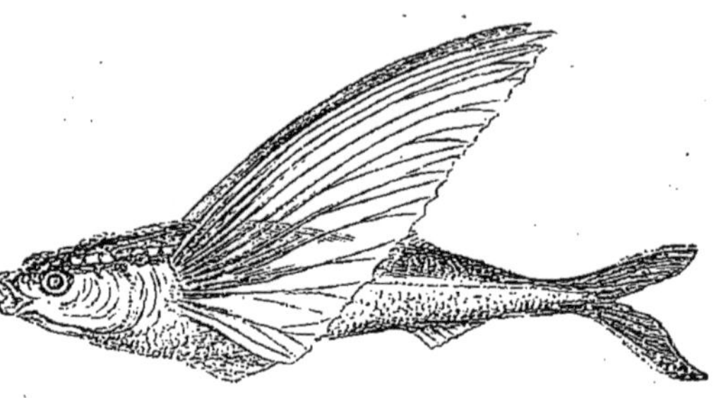

mais leurs nageoires sont presque aussi larges que des ailes : c'est ce qui leur permet de se soutenir ainsi en l'air pendant un temps plus ou moins long. Les poissons volants vivent en grandes troupes dans toutes les mers chaudes. Le roi David a écrit dans un de ses beaux cantiques : « Louez le nom de » l'Eternel, vous les gros poissons, et tous les abî» mes! » Jolis poissons volants, si agiles et si gais, ne louez-vous pas à votre manière le saint nom du Créateur?

AUTRES MERVEILLES DES EAUX.

Voici un joli coquillage que vous offre un de nos matelots. Remerciez-le de son aimable attention. Où a-t-il trouvé cette coquille? Sur la plage d'un îlot qu'il a visité ce matin avec quelques-uns de ses camarades. Les coquilles, vous le savez, sont habitées par des êtres vivants; mais celle-ci est vide : le propriétaire sera probablement devenu la proie d'un gros poisson ou d'un oiseau de mer. Les habitants des coquillages n'ont ni os, ni arêtes; leur corps est mou : aussi les appelle-t-on des *mollusques*. Il y a des mollusques de mer, de fleuves et de terre. Le colimaçon, que vous connaissez tous, est un mollusque terrestre. Comment se forme la coquille? Le croirez-vous? C'est l'animal lui-même qui la construit avec un liquide pierreux, contenu dans son corps : d'abord, très-mince, elle devient plus dure à mesure que le mollusque vieillit. Habile petit architecte, qui donc t'a appris à construire ta jolie maison? S'il pouvait nous répondre, il nous dirait, bien sûr : « C'est le Dieu qui règne au ciel ; c'est le Créateur tout-puissant ! »

Les mollusques, il faut le dire, sont de singuliers animaux ; ils ne ressemblent à aucun autre. Souvent leur forme est très-confuse ; à première vue, on n'y distingue ni queue ni tête. Leur intelligence est nulle. Plusieurs espèces marines ont six ou huit longs bras avec lesquels ils reconnaissent les objets et saisissent leur proie. Quelques-uns nagent avec vivacité, en s'aidant de leurs bras ; mais un grand nombre ne se déplacent guère ; ils passent leur vie ou bien sur les rochers des côtes, ou bien au fond des eaux, fixés le plus souvent à des récifs sous-marins,

ou aux épaves de navires naufragés. Les mollusques, soit de mer, soit de rivière, sont très-avides; ils se nourrissent de débris de toute espèce, mais surtout de chair vivante ou morte, fraîche ou corrompue. Je crois vraiment que ce qui m'intéresse le plus chez le mollusque, c'est sa maison. Les coquilles sont les bijoux de la mer. Leur grosseur varie autant que leurs formes et leurs nuances. Les unes atteignent de très-grandes dimensions, les autres sont microscopiques ; les unes sont rondes ou ovales, d'autres ont la forme d'un étui, d'une tabatière, d'une soucoupe élégante. Plusieurs sont remarquables par leur délicatesse et leur transparence; la plupart ont un poli admirable. On donne le nom de *valve* aux pièces qui composent une coquille. Quand celle-ci n'a qu'une seule pièce,

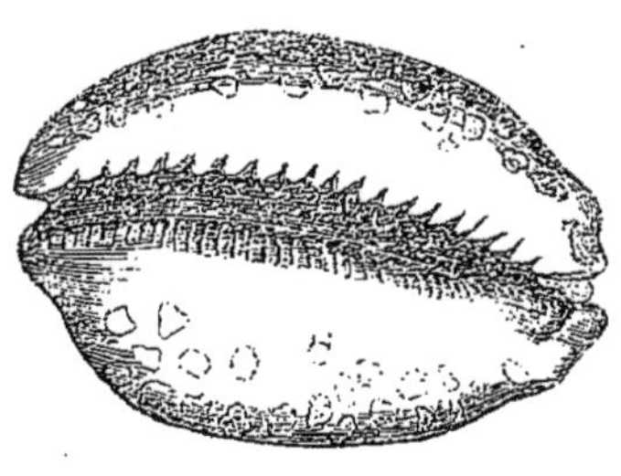

c'est un *univalve;* quand elle en a deux, c'est un *bivalve;* quand elle en a trois ou plus, c'est un *multivalve*. Tâchez de retenir ces mots : ils ne sont pas bien difficiles. La coquille que vous avez sous les yeux est univalve, car elle est tout d'une pièce. C'est une *porcelaine*, ainsi nommée à cause du bel émail dont elle est revêtue : il y en a plusieurs variétés, toutes remarquables par la richesse de leurs dessins et de leurs couleurs. L'*huître*, au contraire, que vous connaissez tous, est bivalve, parce qu'elle a deux côtés réunis par une charnière. Les huîtres, dont il se fait en tout pays une si grande consommation, vivent, de préférence, non loin des rivages, dans une immobilité complète. Elles se réunissent en sorte de tas, auxquels on a donné le nom de *bancs*, et qui ont quelquefois plusieurs kilomètres d'étendue. Depuis un certain nombre d'années, on a trouvé le moyen de les élever dans des *parcs* ou bassins au bord de la mer ; là, elles s'engraissent et se multiplient d'une manière extraordinaire. En France, on en fait un commerce très-actif. Les parcs d'huîtres de Normandie, de La Rochelle, de Marennes, de Royan, et surtout de l'île de Ré, ont une grande réputation. Les huîtres de la Méditerranée sont plus grosses, mais moins estimées que celles de l'Océan. Dans la mer des Indes, il y en a de monstrueuses. La coquille ne mesure pas moins d'un mètre de long, et leur poids dépasse 100 kilos. Le capitaine d'un navire raconte qu'un soir tout son équipage soupa avec une de ces huîtres, mais la chair en était un peu dure. Bien autrement précieuse est l'*huître perlière*, célèbre par la *nacre* dont l'intérieur de sa coquille est revêtu, et par les perles qu'on y trouve. Oui, cette nacre dont on fait de si charmants objets (manches de couteaux, porte-plumes, cachets, etc.), et ces perles aux teintes si douces, aux reflets si purs, dont le bijoutier sait tirer un si bon parti, c'est une pauvre huître, bien laide et d'un aspect fort peu engageant, qui nous les fournit. On ne connaît pas bien encore la cause qui porte l'animal à produire des perles; on croit cependant que leur formation est due à une maladie du mollusque. Quoi qu'il en soit, la pêche des perles est une industrie très-productive. Elle se fait principalement sur les côtes d'une île d'Asie, appelée Ceylan ; mais on trouve aussi des huîtres perlières en Amérique et dans plusieurs autres pays. De grands dangers accompagnent cette pêche, et bien des plongeurs qui doivent aller chercher les huîtres au fond de la mer, perdent leur vie à ce rude métier.

Les *moules* sont aussi des bivalves. On les reconnaît aisément à leur belle couleur bleu foncé. Ils couvrent les rochers de nos côtes, et sont appréciés par les amateurs. Plusieurs autres espèces de bivalves sont comestibles.

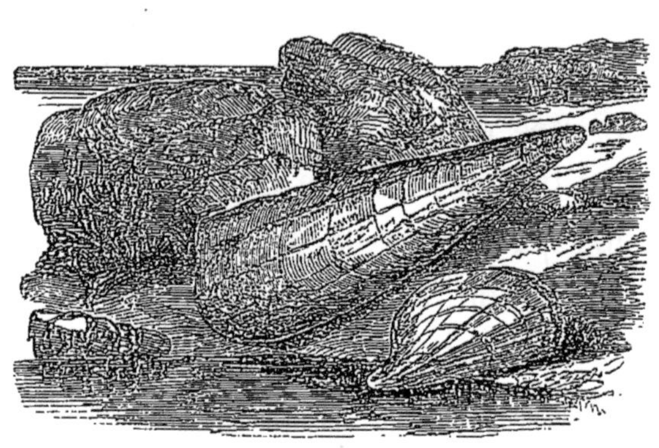

Parmi les innombrables variétés d'univalves, je vous citerai le *pourpre* dont on a tiré pendant longtemps cette belle teinture rouge, si appréciée dans l'antiquité, qu'on la payait 900 francs la livre. Les vêtements royaux étaient teints en pourpre. Vous vous souvenez que notre bien-aimé Sauveur, au moment d'endurer pour nous le supplice de la croix, fut revêtu par dérision d'un vieux manteau de pourpre. — Et l'*argonaute*, ne vous en dirai-je rien? Soutenu par une coquille, ou plutôt par une petite nacelle légère et transparente, il ouvre ses longs bras en forme de voiles ou s'en sert pour ramer. Au moindre danger, voiles, avirons et rameur, tout rentre dans la nacelle, qui disparaît sous les eaux, pour remonter à la surface au premier calme. On rencontre quelquefois des flottilles d'argonautes dans la mer des Indes; rien n'est plus gracieux, nous disent les voyageurs, que ces petites embarcations, aux blanches voiles, sillonnant l'Océan sans effort et sans bruit.

Mes chers enfants, j'ai essayé de vous faire connaître les principales espèces des habitants des eaux. Mais ai-je fini? Non. Il me semble même que je n'ai rien fait, tant le sujet était vaste et ma tâche immense. Il existe encore toute une innombrable famille de créatures aquatiques, dont

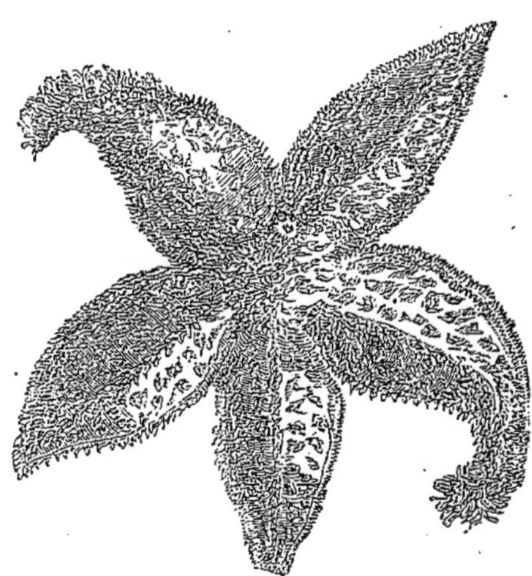

il faut bien que je vous dise quelques mots. Si étrange que cela puisse vous paraître, ces créatures, aux formes vagues et bizarres, tiennent le milieu entre les animaux et les plantes. Les unes, au corps mou et transparent, flottent dans la mer comme des objets inertes ; les autres, au contraire, sont enveloppées d'une croûte plus ou moins dure. Il y en a qui ressemblent à des étoiles, d'autres à des feuilles, d'autres à des fleurs épanouies. Parmi ces curieux animaux, il n'en est pas de plus remarquables que les *polypes*. Ecoutez bien ce que je vais vous dire : je ne connais rien de plus merveilleux. Les *polypes* sont de petits êtres qui, à mesure qu'ils viennent au monde, s'ajoutent les uns aux autres, et ne forment par le fait qu'une masse unique, dans laquelle circule la même vie. En général, ces réunions de polypes, que l'on désigne sous le nom de *polypiers* et qui se composent de milliers et de millions d'individus, ont la forme d'un arbre ; le tronc, les branches, les bourgeons, rien n'y manque. Dans les mers chaudes, les polypiers se développent avec une rapidité étonnante. Des îles d'une vaste étendue, aujourd'hui habitées, ne doivent leur origine qu'à de véritables forêts de polypiers, sur lesquelles le flux et le reflux de l'Océan, ont déposé pendant des siècles des débris de toutes sortes. Vous connaissez, peut-être sans le savoir, au moins deux polypiers : le premier, c'est le *corail*, cette jolie substance, d'un beau rouge, dont on fait de charmants colliers ; le second, moins joli, mais plus utile, ce sont les *éponges*. Le corail n'est autre chose en effet qu'une espèce d'enveloppe pierreuse, que se construisent certains polypes ; il croît sur les rochers, au fond des mers, et a l'aspect d'un arbrisseau d'environ un demi-mètre de hauteur. Le plus beau corail se trouve dans la Méditerranée, sur les côtes de la Sardaigne, de la Corse, de l'Algérie. La pêche en est très-ancienne. Les Gaulois, nos ancêtres, en ornaient leurs boucliers et leurs casques. Les nègres, hommes et femmes, s'en parent très-volontiers.

Les éponges sont aussi des colonies de polypes, très-petits, mais que l'on peut voir pourtant se mouvoir et respirer. Elles se fixent aux rochers couverts par les vagues, et ont tout l'air de plantes marines. On en trouve de plus ou moins fines dans toutes les mers. Avant de les livrer au commerce, on doit les laver très-souvent à l'eau chaude, afin de les débarrasser d'une substance gluante, qui est la partie vivante du polypier.

Nous voici au terme de notre long voyage. J'espère que nous en aurons rapporté deux choses : d'abord, un peu d'instruction, et surtout un sentiment plus sérieux, plus vif, plus profond, de la puissance infinie de notre Père céleste. Voulez-vous, mes chers enfants, qu'en terminant cette petite étude des œuvres de Dieu, nous nous prosternions devant lui, en répétant du fond du cœur ces belles paroles du roi David :

« O Eternel! qu'est-ce que l'homme mortel que
» tu te souviennes de lui, et le fils de l'homme que
» tu le visites? Tu l'as fait uu peu moindre que les
» anges, tu l'as couronné de gloire et d'honneur.
» Tu l'as établi dominateur sur les ouvrages de tes
» mains. Tu as mis toutes choses sous ses pieds :
» les brebis et les bœufs, les oiseaux des cieux et les
» poissons de la mer, tout ce qui passe par les sentiers de la mer. Eternel, notre Seigneur! que ton
» nom est magnifique par toute la terre! »

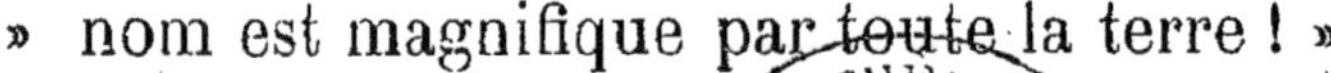

FIN.

OUVRAGES DU MÊME AUTEUR ET FAISANT PARTIE DE LA MÊME SÉRIE.

1.	Mon joli Alphabet.	1 25
2.	Mon joli premier livre.	1 »
3.	Mon joli second livre.	1 »
4.	Mes jolies histoires.	1 »
5.	Nos jolis animaux.	1 »
6.	Visite à une ménagerie.	1 25
7.	Les habitants de l'air.	1 25
8.	Encore les oiseaux.	1 25
9.	Autour de mon village.	1 25
10.	La boutique de mon épicier.	1 25
11.	Les insectes.	1 50
12.	Les habitants des eaux.	1 50

www.ingramcontent.com/pod-product-compliance
Ingram Content Group UK Ltd.
Pitfield, Milton Keynes, MK11 3LW, UK
UKHW022128190726
13855UKWH00003B/1070